优秀技术工人
百工百法丛书

程克辉工作法

常用焊接操作技能

中华全国总工会 组织编写

程克辉 著

中国工人出版社

技术工人队伍是支撑中国制造、中国创造的重要力量。我国工人阶级和广大劳动群众要大力弘扬劳模精神、劳动精神、工匠精神，适应当今世界科技革命和产业变革的需要，勤学苦练、深入钻研，勇于创新、敢为人先，不断提高技术技能水平，为推动高质量发展、实施制造强国战略、全面建设社会主义现代化国家贡献智慧和力量。

——习近平致首届大国工匠创新交流大会的贺信

优秀技术工人百工百法丛书

海员建设卷

编委会

序

党的二十大擘画了全面建设社会主义现代化国家、全面推进中华民族伟大复兴的宏伟蓝图。要把宏伟蓝图变成美好现实，根本上要靠包括工人阶级在内的全体人民的劳动、创造、奉献，高质量发展更离不开一支高素质的技术工人队伍。

党中央高度重视弘扬工匠精神和培养大国工匠。习近平总书记专门致信祝贺首届大国工匠创新交流大会，特别强调“技术工人队伍是支撑中国制造、中国创造的重要力量”，要求工人阶级和广大劳动群众要“适应当今世界科技革命和产业变革的需要，勤学苦练、深入钻研，勇于创新、敢为人先，不断提高技术技能水平”。这些亲切关怀和殷殷厚望，激励鼓舞着亿万职工群众弘扬劳模精神、劳动精神、工匠精神，奋进新征程、建功新时代。

近年来，全国各级工会认真学习贯彻习近平总书记关于工人阶级和工会工作的重要论述，特别是关于产业工人队伍建设改革的重要指示和致首届大国工匠创新交流大会贺信的精神，进一步加大工匠技能人才的培养选树力度，叫响做实大国工匠品牌，不断提高广大职工的技术技能水平。以大国工匠为代表的一大批杰出技术工人，聚焦重大战略、重大工程、重大项目、重点产业，通过生产实践和技术创新活动，总结出先进的技能技法，产生了巨大的经济效益和社会效益。

深化群众性技术创新活动，开展先进操作法总结、命名和推广，是《新时期产业工人队伍建设改革方案》的主要举措。为落实全国总工会党组书记处的指示和要求，中国工人出版社和各全国产业工会、地方工会合作，精心推出“优秀技术工人百工百法丛书”，在全国范围内总结 100 种以工匠命名的解决生产一线现场问题的先进工作法，同时运用现代信息技术手段，同步生产视频课程、线上题库、工匠专区、元宇宙工匠创新工作室等数字知识产品。这是尊重技术工人首创精神的重要体现，是工会提高职工技能素质和创新能力的有力做法，必将带动各级工会先进操作法总结、命名和推广工作形成热潮。

此次入选“优秀技术工人百工百法丛书”作者群体的工匠人才，都是全国各行各业的杰出技术工人代表。他们总结自己的技能、技法和创新方法，著书立说、宣传推广，能让更多人看到技术工人创造的经济社会价值，带动更多产业工人积极提高自身技术技能水平，更好地助力高质量发展。中小微企业对工匠人才的孵化培育能力要弱于大型企业，对技术技能的渴求更为迫切。优秀技术工人工作法的出版，以及相关数字衍生知识服务产品的推广，将对中小微企业的技术进步与快速发展起到推动作用。

当前，产业转型正日趋加快，广大职工对于技术技能水平提升的需求日益迫切。为职工群众创造更多学习最新技术技能的机会和条件，传播普及高效解决生产一线现场问题的工法、技法和创新方法，充分发挥工匠人才的“传帮带”作用，工会组织责无旁贷。希望各地工会能够总结命名推广更多大国工匠和优秀技术工人的先进工作法，培养更多适应经济结构优化和产业转型升级需求的高技能人才，为加快建设一支知识型、技术型、创新型劳动者大军发挥重要作用。

中华全国总工会兼职副主席、大国工匠

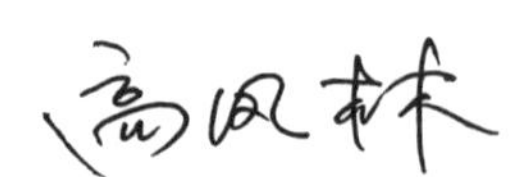

作者简介
About The Author

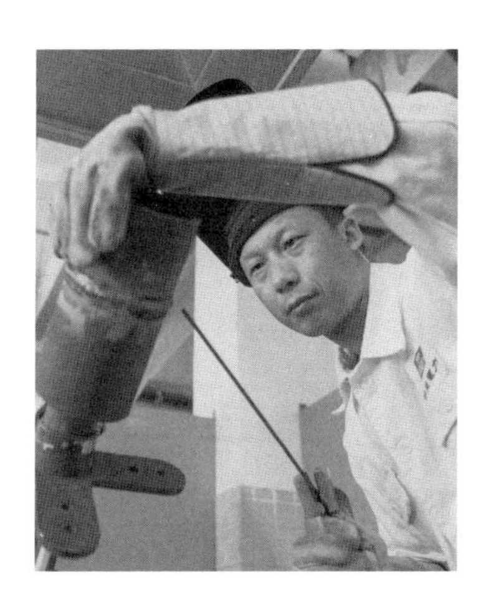

程克辉

1984 年出生，中建电力建设有限公司龙川核电基地管理中心焊工。

曾获全国五一劳动奖章、广东省劳动模范、广西五一劳动奖章、广西工匠、南粤工匠、深圳市五一劳动奖章等荣誉。

多年来，他从事焊接工作，刻苦钻研，先后参与了广东岭澳核电二期、广东台山核电、广西防城港核电等项目的建设，出色完成核岛钢衬里预制焊接，核岛不锈钢水池、核岛环吊牛腿焊接等工作。从初出茅庐的“小焊工”到勇担重任的“大焊将”，一把焊枪，记载了近 20 年来所有的付出和努力。他将青春的奋斗和汗水播撒在核电建设事业上，以匠心铸就匠魂。他先后培养出数百名核级焊工，为推动国家核电工程建设作出了贡献。

工 / 匠 / 寄 / 语

只有不断追求创新，才能在技艺上取得更高的成就。

程克辉

目　录
Contents

引　　言
Introduction

焊接是基础的金属加工工艺，广泛应用于各行各业。按照其工艺过程的特点分为熔焊、压焊和钎焊三大类。最常用的焊接方法是电弧焊，属于熔焊中的一种，主要焊接方法包括钨极氩弧焊、焊条电弧焊、熔化极气体保护焊等，焊接的主要金属材料包括碳素钢、低合金钢、耐热钢、不锈钢、铝及其合金等。

如今，焊接行业作为制造业中重要的组成部分得到了非常迅速的发展，给我国焊接产业带来了很大的发展机遇，同时也为广大焊接从业者提供了施展的舞台和机会。伴随近年国内基础设施的大发展，焊接已经变成一门比较热的学科，其相关的就业方向包括汽车、电力、船舶海洋、建筑、核电等行业，但是，我国焊接人才尤其是高级焊接技术人才也甚是缺乏。

焊接是特殊工艺过程，其质量直接影响结构或设备生产运行的安全。其中焊工的技能水平是保障质量的关键。从业人员必须熟练掌握本岗位的职业技能，具备一定的职业素养，才能胜任焊接工作。

我们通过摸索总结了钨极氩弧焊、焊条电弧焊、实心焊丝富氩气体保护焊板对接和管对接的焊接方法及难点解决办法，其中难免会存在不足和错误，诚恳希望各位专家和广大读者批评指正。

第一讲

焊接安全与个人防护要求

焊接作业是国家标准规定的十种特种作业之一。焊接、切割作业都会产生火花飞溅的熔融金属，极易引燃可燃物造成火灾事故，不但属于明火作业且具有高温、高压、易燃易爆的危险。焊接过程会产生高温电弧和有毒有害烟尘，易造成火灾爆炸事故，引发焊工电光性眼炎、白内障、皮肤烫伤、中毒和尘肺；作业焊工要接触电源，且属带电作业，故又易发生触电事故。根据有关方面统计，焊接作业场地火灾、爆炸、触电等事故的发生绝大部分是由操作不当所引起的。因此在焊接培训时，必须强调焊接作业安全技术的重要性，并注重焊工安全施工、做好个人防护的良好习惯培养。

一、预防触电

焊工应熟悉有关电的基础知识，掌握预防触电和触电后的急救方法，严格遵守有关部门规定的安全措施，防止触电事故发生。焊工的工作服、手套、绝缘鞋等应保持干燥，避免在潮湿地方和雨雪天气进行焊接作业。必须在这种环境下作业时，严禁穿带有铁钉的皮鞋或布鞋。

焊工在拉、合电源开关或接触带电物体时，必须单手进行。严格按照设备安全操作规程规定正确使用电焊机。在打开电源前，首先要确保焊接设备放置平稳且安全可靠，检查焊接设备的一次线是否连接正确，安全接地和接零是否正确。随后，检查焊接设备二次线及焊钳是否合格，有无老化或者破损，线路连接是否安全可靠。检查无误后才能打开焊接电源。打开焊接电源后，检查焊接设备有无报警，检查各调节开关或旋钮是否能正常工作，冷却风扇是否正常工作。

二、预防火灾和爆炸

焊接前要认真检查工作场所周围是否有易燃易爆物品（如汽油、煤油、木屑等），如有易燃易爆物品，应将这些物品移至距离焊接点 10m 以外。在焊接作业时，应注意防止金属火花飞溅而引起火灾。设备带压时严禁进行焊接或切割，必须先解除压力（卸压），且打开所有孔盖。凡是被化学物质或油脂污染的设备都应先清洗，再进行焊接或切割。如果是易燃易爆或有毒的污染物，更应彻底清洗，并经有关部门检查，填写动火证后，方可进行焊接或切割。在进入容器内工作时，焊接或切割工具应随焊工同时进出，严禁将焊接或切割工具放在容器内擅自离开，以防混合气体燃烧或爆炸。焊条头和焊后的焊件不可随意乱扔，要妥善管理，更不能扔在易燃易爆物品的附近，以免发生火灾。离开施焊现场时，应关闭气源、电源，将火种熄灭。

三、预防焊接烟尘及有害气体

焊接场地应有良好的通风。通风方式包括全面通风和局部排风。全面通风也称稀释通风。它是用清洁空气稀释室内空气中的有害物，使室内空气中有害物浓度不超过卫生标准规定的最高允许浓度，同时不断地将污染空气排至室外或收集净化。全面通风包括自然通风和机械通风。局部排风是对局部气流进行治理，使局部工作地点不受有害物的污染，保持良好的空气环境。

从事焊接作业时，焊工应做好个人防护工作，佩戴焊接口罩。采用输气式头盔或送风头盔时，应经常使口罩内保持适当的正压，若在寒冷季节，应将空气适当加热后再供人使用。

四、预防弧光辐射

焊工在焊接时，必须佩戴镶有特制滤光片的面罩。面罩用暗色的钢纸板制成，具有成形合适、轻便、耐热、不导电、不漏光等特点。面罩上镶滤光镜片，常用的是吸收式过滤镜片，它的黑度选择应按照焊接电流的强度来决定。同时，也应考虑视力情况和焊接环境的亮度。不同色号的滤光片的适用范围如表 1 所示。

表 1　不同色号的滤光片的适用范围

序号	滤光镜片色号	颜色	适用电流（A）
1	9	较浅	＜100
2	10	中等	100~350
3	11	较深	＞350

五、正确穿戴个人劳动防护用品

焊工在操作前，必须按照国家有关规定，正确选择和穿戴个人防护用品。个人防护用品根据各种危害因素的特点设计，针对性强、种类多，如焊接防护面罩、防护眼镜、耳罩、具有防尘防毒功能的呼吸防护用品等。焊接作业中还存在一些其他危险因素，因此还需要佩戴安全帽、穿着多功能安全鞋等防护用品。焊接作业人员必须正确选择和穿戴防护服、防护手套、皮裤、安全防护鞋、护脚盖、安全护目镜、口罩、帽子、手袖、耳塞等个人防护用品。

（1）穿着工作服时，要把衣领和袖子扣好。上衣不应系在工作裤里边。工作服不应有破损、孔洞和缝隙，不允许沾有油脂，或穿着潮湿的工作服。不允许卷起袖口或穿短袖、敞开衣领从事焊接工作。工作裤穿上后要保证在蹲下时具有足够长度，避免因脚腕处裸露而被弧光灼伤。

（2）仰焊、切割时，为了防止火星、熔渣从高处溅落到头部和肩上，焊工应戴上防烫头套，穿着用防燃材料制成的护肩、长套袖、围裙和鞋盖等。

（3）电焊手套和防护鞋不应潮湿或破损。

（4）根据焊接工艺方法选择好焊接防护罩上护目镜的遮光号以及气焊、气割防护镜的眼镜片遮光号。应不小于相应的最低遮光号要求。

（5）做好听力防护。佩戴各种耳塞时，要将塞帽部分轻轻推入外耳道内，使它和耳道贴合，不要使劲太猛或塞得太紧。使用耳罩时，应先检查外壳有无裂纹和漏气，使用时务必使耳罩软垫圈与周围皮肤贴合。

（6）佩戴安全帽前，要仔细检查合格证、使用说明、使用期限，并调整帽衬尺寸，其顶端与帽壳内顶之间必须保持 20~50mm 的空隙。不能随意对安全帽进行拆卸和添加附件，以免影响其原有的防护性。

（7）安全带使用时，应注意高挂低用，即安全带的挂钩挂在高处，人在下面工作。

第二讲

钨极氩弧焊操作技能

钨极氩弧焊是指以氩气作为保护气体，钨棒作为电极，借助钨电极与焊件之间的电弧，加热熔化母材（同时添加焊丝也被熔化）实现焊接的方法。

一、钨极氩弧焊的特点

1. 优点

（1）焊接过程稳定。电弧燃烧非常稳定，而且焊接过程中钨棒不熔化，弧长变化干扰因素相对较少，因此焊接过程非常稳定。

（2）焊接质量好。氩气是一种惰性气体，它既不溶于液态金属，又不与金属发生任何化学反应；而且氩气容易形成良好的气流隔离层，能有效地阻止氧、氮等侵入焊缝金属，从而获得更为纯净的熔敷金属。

（3）适用面广。几乎可焊接所有金属及合金，适合于各种位置的焊接。

（4）适于薄板焊接、全位置焊接。即使是用几安培的小电流，钨极氩弧仍能稳定燃烧，而且热量相对较集中，因此可焊接 0.3mm 的薄板；采用脉冲钨极氩弧焊电源，还可进行全位置焊接及不加衬垫的单面焊双面成形焊接。

（5）焊接过程易于实现自动化。钨极氩弧焊的电弧是明弧，焊接过程参数稳定，易于检测及控制，是理想的自动化乃至机器人的焊接方法。

（6）焊接区无熔渣。焊工可清楚地看到熔池和焊缝成形过程。

2. 缺点

（1）抗风能力差。钨极氩弧焊利用气体进行保护，抗侧向风的能力较差。侧向风较小时，可通过降低喷嘴至工件的距离，同时增大保护气体的流量来保证保护效果；侧向风较大时，必须采取防风措施。

（2）对工件清理要求较高。由于采用惰性气体进行保护，无冶金脱氧或去氢作用，为了避免气孔、裂纹等缺陷，焊前必须严格去除工件上的油污、铁锈等。

（3）生产率低。由于钨极的载流能力有限，尤其是交流焊时，钨极的许用电流更低，致使钨极氩弧焊的熔透能力较低，焊接速度慢，焊接生产率低。

二、不锈钢薄板钨极氩弧焊焊接要点

母材种类为06Cr19Ni10（304L），试件规格150mm×50mm×2mm，无坡口无间隙对接接头。采用填丝单道焊接，焊丝牌号ER308L，直径ϕ1.6mm。采用铈钨极，直径ϕ2.4mm，钨极端部打磨成尖锥形。氩气纯度≥99.99%。焊接位置立焊（3G）。

焊后要求确保余高大于0mm且不大于1mm，背面凹陷不大于0.2mm。

主要技能难点：在确保熔透的前提下，避免过度氧化，减少焊接变形。

1. 焊前准备

检查焊机外观有无破损，焊机电缆接头、氩气管连接处有无松动；重点检查焊枪的氩气管路有无破损、褶皱；气体压力表、气体流量计调节是否准确；检查焊枪钨极夹头是否有变形，保护喷嘴是否有损坏。

2. 试件清理及装配

对试件结合面及附近 10mm 以内的氧化物采用锉刀进行清理，采用丙酮或无水酒精清洗去除坡口及周边 20mm 内和焊丝的油脂、杂质。将两个试板顶紧装配（见图 1）。

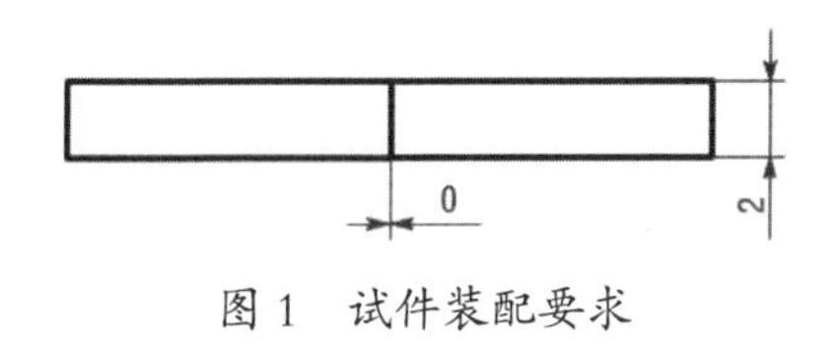

图 1　试件装配要求

3. 定位焊要求

定位焊长度≤ 10mm。点焊时可不用充氩工装，定位焊不可熔透，避免焊缝背面被氧化。熄弧时，应注意对熔池的保护，电弧熄灭后不可立即移开焊枪或停止送气，防止焊缝金属在冷却过程中被氧化。定位焊参数如表 2 所示。

表 2 定位焊焊接工艺参数

焊接层次	起始电流（A）	焊接电流（A）	气体流量（L/min）	焊丝直径（mm）	极性
定位焊	20~30	70~80	20~25	1.6	直流正接

4. 焊接工艺

采用脉冲焊接工艺单面焊双面成形。不锈钢薄板焊接时，由于其自身约束度小、导热率低、线膨胀系数大，很容易出现焊接变形。而脉冲电源通过调整脉冲电流、基值电流、脉冲频率以及占空比等，工艺参数能很好地控制其输入，从而达到控制焊接变形的目的。具体焊接工艺参数如表 3 所示。

5. 充氩保护

不锈钢焊接时，焊缝应有良好的气体保护，正面焊缝不能出现“发黑”，背面焊缝不能出现“过烧”缺陷。因此，焊接中需要加强正、反面焊缝区域的保护。正面焊缝一般通过选择大号保护喷嘴来实现，焊缝背面的保护则通过采用特制的保护罩进行背面充氩保护完成。

表 3 对接接头焊接工艺参数

焊接工艺参数	道次	焊接方法	保护气体流量（L /min）	峰值电流（A）	基值电流（A）	脉冲频率（Hz）	占空比（100%）	钨极伸出长度（mm）	气体喷嘴直径（mm）	极性	滞后送气（S）
	1	141	25~30	70~80	30	1.2	70	18~25	30	直流正接	12

6. 操作手法要点

不锈钢薄板对接焊时，需要采取较大的钨极伸出长度、大的保护气体流量。为控制焊接变形和过度氧化，需要在保证熔透的前提下，适当加快焊接速度，保持小的焊枪倾角和焊枪摆动幅度，焊枪角度与焊接方向呈 30° 左右，焊丝角度 10° ~20°，焊枪采用小幅度锯齿形摆动；焊丝送进量不宜过大。

由于脉冲焊接工艺对焊缝的适应性强，因此不同位置的焊接工艺参数和操作手法基本不需要做过多的调整。经检查，完成的焊接试件外观质量完全满足质量要求，无过度氧化。

三、不锈钢管对接加障碍钨极氩弧焊操作要点

母材材质为 06Cr19Ni10（304L），试件规格 ϕ60mm × 5mm × 125mm，V 形坡口单面焊双面成形，单侧角度 30°；焊接位置斜 45° 固定（6G），以焊接管子为中心，两侧周边设 4 根障碍管，管与试件之间间距为 30mm。不锈钢管加障碍试件装卡示

意如图 2 所示。

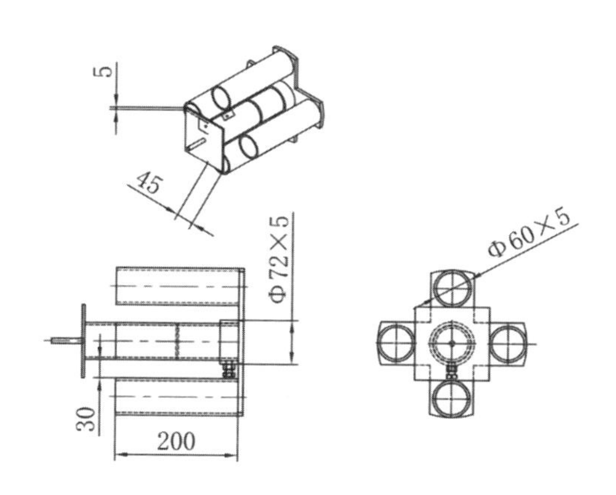

图 2　不锈钢管加障碍试件装卡

采用 ER308L 焊丝、直径 ϕ2.0mm。钨极为铈钨极，直径 ϕ2.4mm。钨极打磨成尖锥形。氩气纯度为 99.99%。

焊接要求：正面焊缝余高大于 0mm 且不大于 1mm；咬边深度不大于 0.3mm，背部采用通球试验，通球 ϕ=0.9d（内径）；内部质量采用射线探伤，按照承压设备无损检测第 2 部分：射线检测（NB/T 47013.2—2015），I 级合格。

1. 焊前准备

检查焊机接地是否正确、牢固，外观有无破损，焊机电缆接头、氩气管连接处有无松动；重点检查焊枪的氩气管路有无破损、褶皱；检查气体压力表、气体流量计调节是否准确；检查焊枪钨极夹头是否有变形、喷嘴是否有损坏。按照焊接工艺卡确认焊丝牌号、直径，检查焊丝表面有无明显油污。检查氩气瓶铭牌，确认氩气纯度是否符合要求。

2. 试件清理及装配

去除坡口及周边 25mm 内和焊丝的油脂、杂质，可以采用丙酮或无水酒精清洗。对照图纸检查试样规格，检查试样下料方式是否符合要求，检查项目包括管径、管壁厚度、管端垂直度；确认试样表面有无明显凹坑、划痕或机械损伤。需要指出的是，管对接焊要求全焊透焊缝，而错边量对根部焊透有很大的影响，因此，应严格控制错边量。

3. 试件组对

（1）坡口钝边为 0~0.5mm。

（2）组对间隙为 3~4mm，焊接过程中焊缝会收缩。

（3）定位焊长度≤ 10mm。定位焊完成后需将定位焊两侧打磨成缓斜坡，接头时不会出现凹陷。定位焊完成后用钢板尺检查管子是否有组对错边。

4. 焊接要点

（1）随着焊接位置不断变化，焊枪和焊丝的位置也要随之改变。管径越小要求角度变化的速度越快，焊接难度也就越大。同时由于增加了障碍，操作难度更大，焊接时易出现打钨、焊缝宽窄差过大、焊缝直线度超差。

（2）不锈钢薄管的焊接中一个重要的问题是防止焊缝的氧化。避免焊缝氧化的关键点在于使用大的气体保护喷嘴加强正面焊缝保护和对背面焊缝进行充氩保护。焊接前应提前充氩，排出工装和管内空气，提前充气时间需根据工装内的空间大小来确定，然后保持充氩直至焊接结束。不锈钢焊缝颜色与保护效果如表 4 所示。

表 4　不锈钢焊缝颜色与保护效果

焊缝颜色	银白、金黄色	蓝色	红灰色	灰色	黑色
保护效果	最好	良好	尚可	不良	最差

5. 焊接操作

焊接时为左右两半圈自下而上焊接，5~7 点钟中间位置起弧，12 点钟位置收弧。6G 管焊接过程中，焊丝需放在上坡口位置，防止下坠。焊接前需在引弧板上调节好电流：初始电流调节 20~30A。收弧电流：30~40A。电流上升时间为缓慢上升 1~2s，电流下降时间为 2~3s。提前送气为 2s，防止产生气孔。滞后停气为 5s，防止产生收弧气孔。采用直径 7~10mm 瓷嘴。

（1）充氩。组对好试件后夹在工装上，用美纹纸封闭焊接口，先用氩气排出管子内空气后，封闭管子另一端的封口。氩气调小开始焊接。正面氩气流量为 10~20L/min，背面氩气流量为 5~10L/min。

（2）根部焊接。

①打底焊接。打底电流为 65~85A，在 6 点钟位

置引弧。采用高频引弧，先用初始电流在坡口一侧起弧，然后用正常焊接电流熔化母材开始焊接，送丝方式为左右两坡口边送丝或者靠近上坡口位置送丝，看到熔池前方出现熔孔后开始送丝，焊接时，需压低电弧焊接，焊枪角度为 75°~90°。仰焊位置为内送丝，焊丝放在钝边内 1mm 处坡口上侧位置，与钝边一起熔化进行焊接，送丝频率需均匀，焊丝端部在氩气保护之内，防止氧化。立焊位置焊丝平于钝边，防止管内焊缝余高超高。平焊位置焊丝放在钝边上方，防止管内下坠余高过高。

②打底层收弧。收弧时，切换开关，电流衰减，左右摇摆将铁水过渡到坡口侧熄弧。电弧熄灭后，焊枪应停留几秒，对收弧处进行氩气保护，避免出现弧坑裂纹及收缩孔。

③打底层接头。打底层焊接过程中断后，需要重新起弧时在收弧处后方 5mm 处起弧，将原焊缝加热熔化，当看到熔孔打开后开始送丝焊接。当焊接至定位焊 2~3mm 接头时，电弧需左右摇摆稍作

停留，暂停送丝，当熔池与斜坡端部完全熔化后再送2点铁水，接头熔合平整后，继续向前焊接5mm处收弧。

（3）填充层焊接。电流为75~100A。自下而上两半圆焊接。采用高频引弧，电弧正常燃烧后，需左右摇摆预热焊缝后开始送丝焊接，第一层焊接时少送丝，需在焊缝根部稍作停留，焊肉不能太厚，避免出现未熔合。填充第二层焊缝时需平整，离坡口平面预留0.5mm深度，不能把坡口边线熔掉，否则盖面看不到坡口边缘线。填充时尽量快速焊接，避免温度过高。

（4）盖面层焊接。电流为75~100A。在6点钟位置起弧，自下而上两半圆焊接。采用高频引弧，电弧正常燃烧后需左右摇摆预热焊缝后开始送丝焊接，焊枪作小幅度斜向摆动，焊丝始终在坡口上侧，铁水带到坡口两侧稍作停留，防止上坡口咬边、下坡口下坠。仰焊位置后半圈起弧点应在前半圈起弧点后方5mm处起弧。防止盖面仰焊位置余高低于母材和接头结合不良等缺陷。

6. 焊后检验及要求

焊接完成后，应保持焊接原始状态，进行焊缝正面外观质量检查和背部通球试验，合格后进行射线探伤检查。

四、低合金管对接钨极氩弧焊打底焊接操作要点

试件材质为20#，试件规格 φ114mm×8.56mm×115mm，焊丝型号ER50-6，直径 φ2.0mm。钨极为铈钨极，直径 φ2.4mm。钨极端部打磨成尖锥形。

1. 焊前准备

检查焊机外观有无破损，焊机电缆接头、氩气管连接处有无松动；重点检查焊枪的氩气管路有无破损、褶皱；气体压力表、气体流量计调节是否准确；检查焊枪钨极夹头是否有变形，保护喷嘴是否有损坏。对照焊接工艺卡确认焊丝牌号、直径；检查焊丝表面有无明显油污；检查氩气瓶铭牌，确认

氩气纯度是否符合要求。

2. 试件清理及装配

对照图纸检查试样规格，检查试样下料方式是否符合要求，检查项目包括管壁厚度、椭圆度和坡口角度，确保组装完成后无超标错边；检查试样表面有无明显凹坑、划痕或机械损伤。采用角磨机将焊接坡口及周边内外表面不少于25mm范围内油、锈、水分及其他污物打磨干净，至露出金属光泽为止（见图3）。

采用三点定位法，定位焊长度≤15mm。定位焊点在坡口内。可采用搭桥方式进行定位焊。

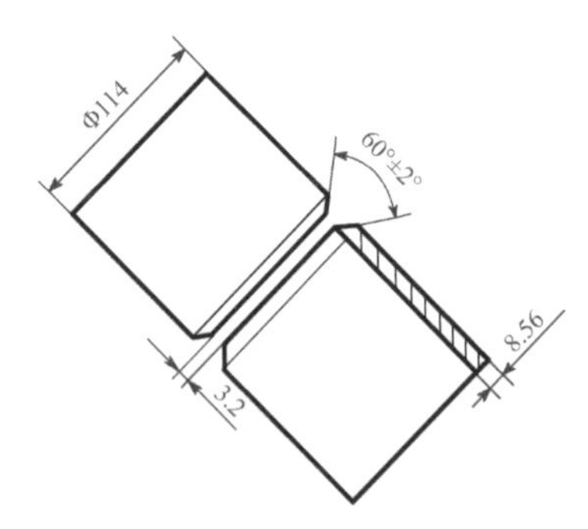

图3 管对接试件装配

3. 操作要点

6G（45°）位置介于垂直固定和水平固定之间，包含斜仰、斜立和斜横三种位置。焊接时，由于焊缝位置有大幅度的变化，熔池位置和形状也处于不断变化中。为保证熔池金属始终处于水平状态凝固，需要在短时间内迅速调整焊枪角度、送丝角度。

焊接时，为防止根部咬边、内凹缺陷，焊丝送进时，位置应在坡口根部的上方侧，如图 4 所示。焊接时，通过采用斜锯齿形摆动焊枪保证熔池始终处于水平状态。焊接工艺参数如表 5 所示。

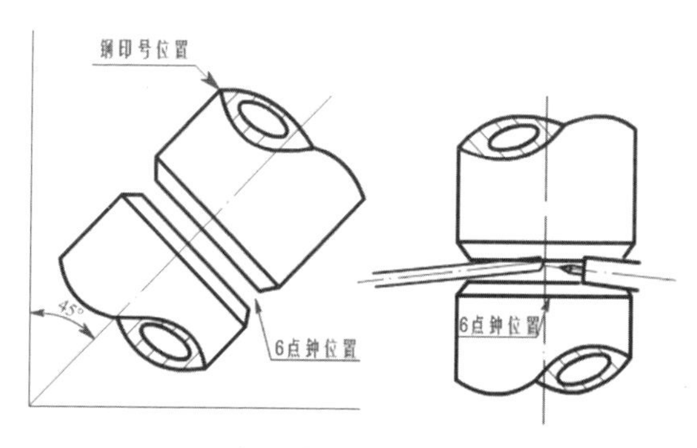

图 4　焊丝送进位置

表 5　管对接试件 6G 位置打底焊工艺参数

焊接工艺参数	道次	焊接方法	保护气体流量（L/min）	焊接电流（A）	焊接电压（V）	极性	推力电流（A）	送丝方式	备注
	打底层	141	10~15	90~120	/	直流正接	0	内填丝	1道

（1）焊枪角度和焊丝角度。焊接焊枪角度、焊丝送进角度与其他位置焊接时无太大的变化，即焊枪与焊接方向夹角为 70°~80°，焊丝与管内侧周向夹角为 15°~25°。但是，由于 6G 位置焊接时，焊缝所处空间角度变化较大，增加了焊接操作难度，需要焊工提高操作熟练度，才能保证焊枪角度。焊丝送进角度一定要随着焊缝位置的变化一同改变，即保持上述角度的一致性。除此之外，在焊接至斜立焊位置后，为防止根部焊缝余高过大或出现焊瘤，焊丝填充方法可视情况将内填丝法改为外填丝法。焊枪、焊丝角度位置如图 5 所示。

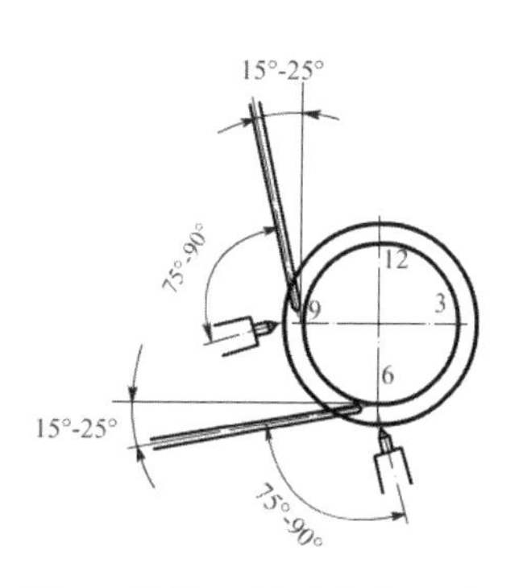

图 5　焊枪、焊丝角度位置

（2）引弧。以马步姿势下蹲，下蹲高度以双眼能清晰观察到仰焊位置坡口根部为原则，然后在6点半位置引燃电弧，沿逆时针方向焊接（操作者自定）前半圈焊缝。电弧引燃后在坡口根部两侧用焊枪微摆动预热，待坡口两侧钝边熔化形成熔孔后，由管内侧紧贴熔孔送进焊丝，摆动焊枪进行焊接。焊枪应采用斜锯齿摆动，这样才能保证熔池的水平状态，这一点是6G位置焊接与其他位置焊接最不同的地方。此外，还需要特别注意的是，由于6G的所有焊缝均为倾斜位置，为避免焊缝上方侧出现咬边、内凹缺陷，焊丝送进应在焊缝上坡口侧。填丝位置如图6所示。

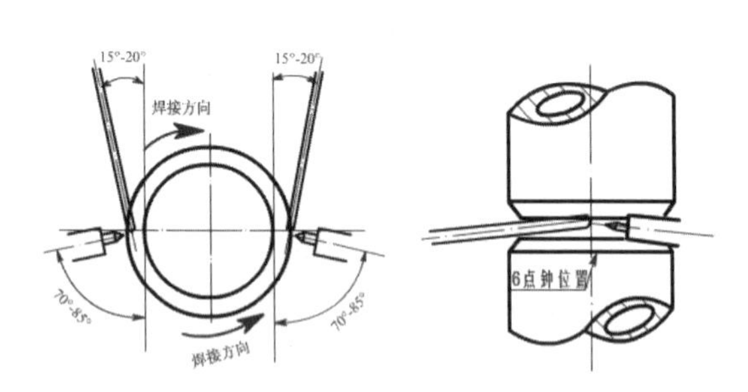

图6 焊接方向与角度及焊丝送进位置

所有斜仰位焊接均应采用内填丝法送丝。待焊接斜立焊到斜横焊位置即时钟 9~12 点方向时，送丝方式可视情况改为外填丝。

（3）焊接操作。焊接时，操作者要根据焊接位置的不同，及时调整身体高度，确保无论在哪个角度均能清晰观察到熔池。

前半圈收弧处同样应在下坡位置即时钟方向 11 点半左右，以防止产生较大的收缩孔。收尾处操作方法与技巧和其他位置相同。

后半圈焊接前还需检查焊接间隙有无变化，如有变化则需相应调整焊接电流或修磨间隙。接头时，在起焊端斜坡 5~8mm 处引燃电弧，预热时间不能过长，熔池形成后要及时向前移动焊枪，不可在原处停留过久，以防止熔池温度过高、焊缝出现内凹缺陷。

后半圈焊接操作与前半圈基本相同，重点是防止收尾处熔合不良和未焊透缺陷。打底层焊接过程中，焊枪角度、电弧位置、电弧摆动宽度及送丝速度要根据焊缝位置、熔孔大小等因素灵活调整才能保证焊缝美观。

4. 检验及清理

焊接完成后，应检查焊缝正面、背面焊缝余高和焊缝外观质量。打底焊焊缝厚度不宜太薄，一般应控制在 3~5mm，以防止填充层焊穿。检查打底焊缝正面形状，如成形不良，则需采用角磨机进行打磨。焊缝表面不能出现未焊透、焊瘤、气孔等焊接缺陷，内凹、咬边等缺陷也应控制在标准范围内。

第三讲

焊条电弧焊操作技能

焊条电弧焊指的是用手工操作焊条进行焊接的电弧焊方法，所以又称为手工电弧焊。焊条电弧焊是应用最广泛的熔焊方法之一，它与气体保护焊并称熔焊的两大支柱，占熔焊所需工种的 80% 以上。

一、焊条电弧焊的特点

1. 优点

所使用的焊接设备简单、成本低，所需的焊条供应充足，且品种规格齐全。可焊接除活性金属和难熔金属以外的所有结构材料，而且接头的质量可以达到高规格要求。工艺适应性强，能够与大多数焊件金属性能相匹配，因而接头的性能可以达到被焊金属的性能，不但能焊接碳钢和低合金钢、不锈钢及耐热钢，对于铸铁、高合金钢及有色金属等也可以焊接。此外，还可以进行异种钢焊接、各种金属材料的堆焊等。

2. 缺点

焊接生产率低、劳动强度大，不适合活泼金

属、难熔金属的焊接。

二、板对接焊条电弧焊的操作要点

1. 技术要求

（1）试件材质：Q235B。

（2）试件规格：300mm × 125mm × 12mm，试件坡口为单侧 30°，钝边为 0.5~1mm，各边无毛刺。坡口尺寸如图 7 所示。

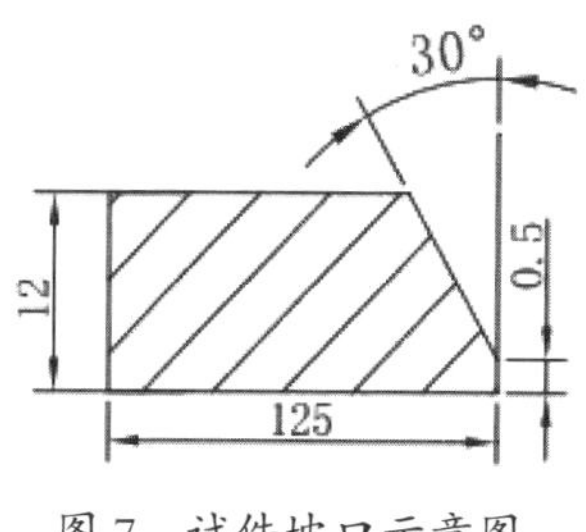

图 7　试件坡口示意图

（3）焊接材料：ER5015、直径 ϕ3.2mm、ϕ4.0mm。

2. 清理和装配

（1）试件清理。焊前将坡口和靠近坡口上、下两侧 15~20mm 范围内钢板上的油、锈、水分及其他污物打磨干净，至露出金属光泽为止。打磨范围如图 8 所示。

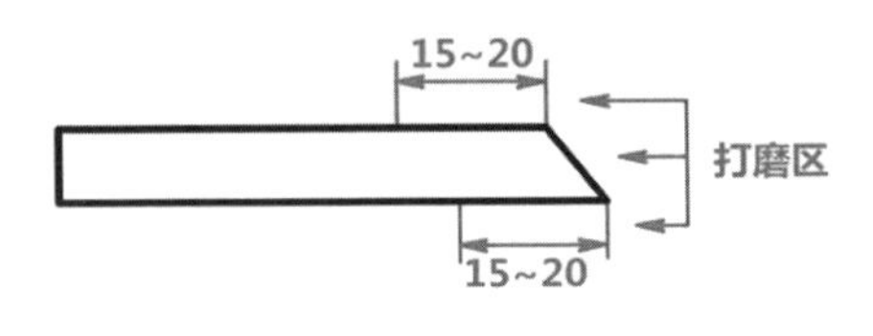

图 8　焊前打磨区

（2）装配与定位。组对间隙如图 9 和图 10 所示，将打磨干净的试件在坡口正面的两端进行定位焊。定位焊缝需单面焊双面成形，定位焊长度需控制在 15mm 内，焊缝定位焊要牢固可靠，终焊端定位焊缝长度、厚度需略大于起焊端，防止焊接过程中因收缩出现开裂导致错边和变形。定位焊后将定位焊缝内侧用角向角磨机打磨成斜坡状，并将坡口内的飞溅清理干净。定位焊背面不得进行打磨。

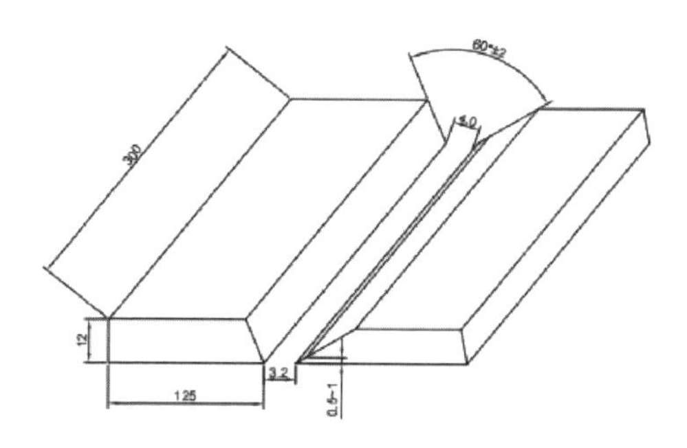

图 9　板对接的试件装配尺寸

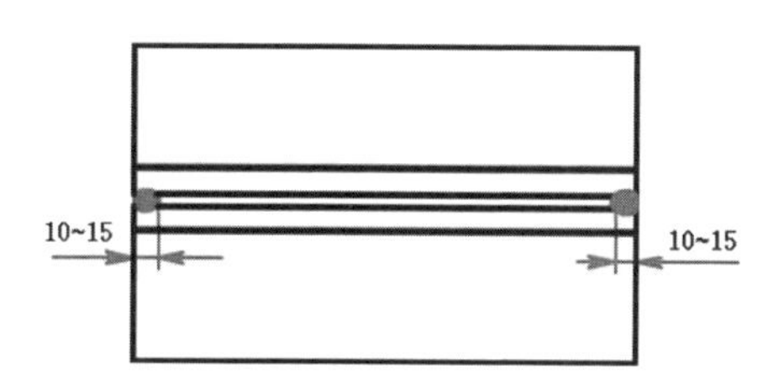

图 10　板对接定位焊缝的位置

3. 3G（立焊）单面焊双面成形

（1）重点与难点：打底层焊接熔池温度和熔孔大小的控制，盖面层焊接咬边的控制。

（2）焊道分布：单面焊双面成形，四层 4 道。

（3）打底层焊接。采用断弧焊，三角形运条法。焊接时从中间引弧，左右摆动，打开熔孔就熄弧，待熔池颜色由亮变浅后再次引燃电弧。电弧燃烧的时间不宜过长，冷却时间适当增加。断弧焊时控制好熔池温度和熔孔大小，避免出现打底层背面高度超高。熔池的温度太高易产生下坠和咬边，熔孔大小控制在略比两侧棱边大 0.5~1.0mm。接头时，将弧坑处冷缩孔磨掉，修磨出斜坡，采用搭接，引弧后待电弧稳定，将电弧拉到弧坑处（缓坡处）做锯齿形摆动，稍作停顿听见“噗噗”击穿声后再进入正常焊接，焊接时电弧长度应控制在 2~3mm。打底层不允许产生夹渣、未焊透、咬边、内凹等缺陷。

（4）填充层焊接。施焊前，将打底层焊缝的焊渣、飞溅清理干净，并将焊缝接头凸起处打磨平整。

填充层为两层 2 道，每层填充 1 道。采用连弧反月牙形运条焊接。划擦法引弧，待电弧稳定，进入正常焊接。焊接时，电弧主要对着打底层两侧熔合线位置；接头采用搭接，收尾要填满弧坑。层间要修磨平整，并将焊缝缺陷全部打磨去除；第二层填充时，坡口边沿预留 0.5mm 左右的余量。焊接完成后，将焊道清理干净，修磨平整。

（5）盖面层焊接。盖面层为一层 1 道，采用连弧反月牙形运条焊接。电弧不要压太低，过低容易导致熔合不良。焊接过程中注意观察两侧棱边，摆动到一侧观察到棱边熔合后，再摆向另一侧，以防止未熔合和咬边的产生。接头采用热接头，焊接时将熔池形状控制为椭圆形，收尾采用反复断弧收尾法，填满弧坑。盖面层焊缝不允许产生深度大于 0.5mm 的咬边、未焊满、未熔合等缺陷。

4. 4G（仰焊）单面焊双面成形

仰焊是各种位置焊接中最难焊的一种，受重力的作用，熔池容易下坠，导致形成焊瘤、背面凹陷，使焊缝成形较为困难。

（1）重点与难点：打底层焊接熔池温度的控制，盖面层焊接咬边、未熔合的控制。

（2）焊道分布：五层 5 道。

（3）打底层焊接。采用断弧焊单点直击法焊接。

中间引弧，打开熔孔后待铁水过渡到背面就熄弧，熔池冷却一半时再次引燃电弧，要保证电弧直接在根部燃烧，全部打到背面，否则熔池会下坠，形成内凹；焊接频率要低，控制好熔池温度。焊缝接头时，要将冷缩孔打磨去除并修磨成斜坡，从打磨的后方10mm处引弧，待电弧稳定燃烧后再拉到斜坡处，锯齿形摆动焊到熔孔处向上顶，听见“噗”的击穿熔孔声音后断弧，接头处的前三下要快速引弧，无须等待，待熔池温度升高后，进入正常断弧焊接。打底层焊缝不允许产生深度大于0.5mm的咬边、夹渣、未焊透、内凹等缺陷。

（4）填充层焊接。焊接前，应将打底层焊缝表面的焊渣及飞溅颗粒清理干净，并使用角磨机将接头部位凸起处修磨平整。

填充层为三层3道，采用反月牙形运条焊接方法摆动，焊条摆动幅度应逐层增大，在坡口两侧停留时间也应稍长。填充层焊完后，焊缝表面应距试件表面深度0.5~1mm为宜。

（5）盖面层焊接。盖面层焊接前，应先将填充层焊缝表面及坡口边缘棱角处清理干净。

盖面层为一层 1 道，焊接时熔池温度过高易产生下坠，因此采用反月牙摆动，焊条角度及摆动方法与填充焊相同，摆动幅度应更宽，中间稍快，两侧多停留。盖面焊缝宽窄差不宜超过 2mm，焊接时，应仔细观察两侧棱边，在坡口边缘棱角处适当停留，让熔池熔到坡口边缘 1~1.5mm 为宜，以免造成咬边。盖面层焊缝不允许有深度大于 0.5mm 的咬边、未焊满、未熔合等缺陷。

（6）焊后清理。焊接完成后，用电动钢丝刷清理焊缝表面，并用錾子清理焊缝正面的飞溅，注意不得破坏焊缝原始成形。

三、管对接焊条电弧焊的操作要点

1. 技术要求

（1）试件材质：20#。

（2）试件规格：ϕ 114mm × 8mm × 115 mm。

（3）焊接材料：ER5015、直径 ϕ3.2mm、ϕ4.0mm。

2. 清理及装配

（1）清理。将管子坡口正面及坡口面内壁10~15mm处，油、锈及水分等污物清除干净。试件清理区如图11所示。

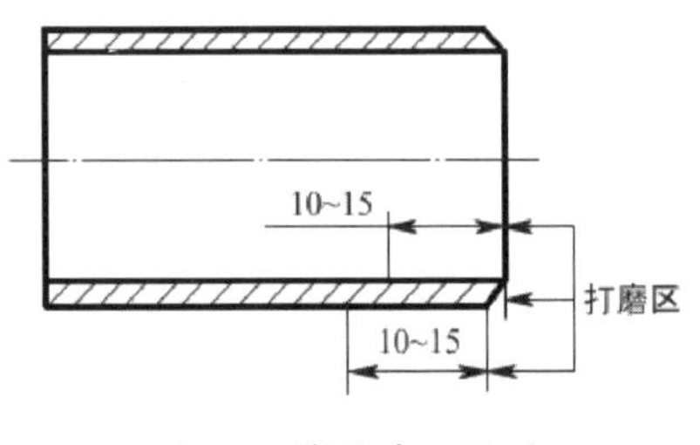

图11　管件清理范围

（2）装配及定位焊要求。将打磨干净的试件垂直叠加在一起，中间夹直径为 ϕ3.2mm的焊条芯，从上往下观察内外的重合度，当确认无明显错边后，再进行正式定位焊。定位焊缝采用桥接的方式点焊，不点透。当正式焊缝焊接到定位焊位置时，打磨去除定位焊缝。定位焊位置如图12所示。定位焊长度为≤ 15mm。

图 12　定位焊缝位置

3. 2G（垂直固定焊）单面焊双面成形重点与难点

（1）熔池温度和熔孔大小的控制。

（2）多层多道焊条角度和道次的排列。

4. 焊接要点

管对接垂直固定焊时，其焊缝位置与板对接横焊时相同。

（1）焊道分布：采用多层多道焊，三层 5 道。

（2）打底层焊接。采用断弧焊单点直击法焊接。起弧时，先从一侧坡口引弧，然后再摆向另一侧坡口，待熔孔打开，听见“噗噗”的击穿声音后断弧。控制好燃弧时间、频率。每次等到熔池冷却到一半时，再次引燃电弧。频率过高，背面焊缝容易凸起，熔池温度过高易产生咬边；频率过低，容易产生冷缩孔。收尾时，需先把起弧处修磨出长 10mm 的斜坡，焊接到接近收尾时降低断弧频率，等焊接只剩下一个圆孔时，采用连弧锯齿形摆动焊接，小孔消失后正常摆动把斜坡填满后熄弧。收弧处注意防止出现焊缝脱节、未完全熔合和内凹等缺陷，背面焊缝不允许存在深度大于 0.5mm 的咬边、未焊透、内凹等缺陷。

焊后将打底层焊道的焊渣、飞溅清理干净，接头和凸起处修磨平整。

（3）填充层焊接。填充层为 2 道，采用连弧焊接、锯齿形运条方法。注意观察熔池，防止熔渣掉落到熔池的前方。焊接时，电弧主要熔化打底焊道两侧熔合线。层间打磨平整光滑。填充层打磨时，注意不要将上下侧的熔合线处磨出夹沟，以免造成盖面层熔合不良，特别是上侧不要打磨过多，防止盖面时产生咬边。

焊后将填充层焊道的焊渣、飞溅清理干净，将焊缝修磨平整，不要伤到坡口棱边。

（4）盖面层焊接。盖面层为2道，第1道焊接时，斜锯齿形摆动，上侧多停留，下侧稍快，注意观察棱边熔合情况。待观察到棱边熔合后，再摆动，上侧需焊到整体坡口的2/3位置。第2道焊接时，注意观察下侧，下侧需压到第1道的最高点，避免中间产生沟槽。每道焊缝需压住上一道的最高点。收弧时采用圆圈收尾法，等熔池饱满后再收弧。盖面层不允许有深度大于0.5mm的咬边、未焊满、未熔合、超高等缺陷。

盖面层焊接时，注意错开第1道和第2道焊缝的起头和收尾，不要在同一个地方起头。盖面层不允许有深度大于0.5mm的咬边、未焊满、未熔合、气孔等缺陷。

焊接过程中焊接方向沿管周向不断变化，需要不停地调整焊条角度和身体位置来适应焊缝周向的变化。

5. 焊后清理

盖面完成后，用电动钢丝刷清理焊缝表面，并用錾子清理焊缝正反两面的飞溅，不得修磨焊道，以保持焊缝原始状态。

第四讲

实心焊丝富氩气体保护焊操作技能

实心焊丝富氩气体保护焊是指使用实心焊丝作为熔化电极，采用富氩混合气体作为保护气体的电弧焊接方法。

一、实心焊丝富氩气体保护焊的优缺点

1. 优点

（1）焊接成本低，其综合成本大概是焊条电弧焊的一半。

（2）焊后变形小。因气体保护焊的电弧热量集中，加热面积小，$Ar+CO_2$ 气流有冷却作用，因此焊件焊后变形小，特别是薄板的焊接更为突出。

（3）焊接效率高。在富氩气体中飞溅问题得到有效控制，可以节省清渣费用，减少清渣剂的使用并节约时间和能耗。

2. 缺点

（1）弧光强。

（2）抗风能力弱。

（3）不够灵活。

二、板对接实心焊丝富氩气体保护焊的操作要点

1. 技术要求

（1）试件材质：Q235B。

（2）试件规格：300mm × 125mm × 12mm，试件坡口为单侧 30°，钝边为 0.5~1mm，各边无毛刺，坡口尺寸如图 13 所示。

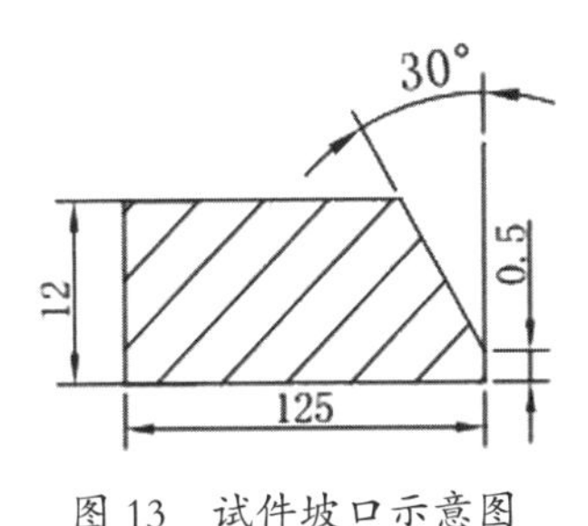

图 13 试件坡口示意图

（3）焊接位置：PF（向上立焊）。

（4）焊接材料：ER50-6、直径 ϕ1.2mm。

（5）气体：Ar+CO_2 混合气，混合比例：CO_2 含量为 18%~20%。

（6）焊接要求：单面焊双面成形。

2. 试件装配

试件装配前坡口表面和两侧各 25mm 范围内要清理干净，去除铁屑、氧化皮、油、锈和污垢等杂物，坡口装配间隙 2~4mm，错边量应不大于 1.2mm。试件装配如图 14 所示。

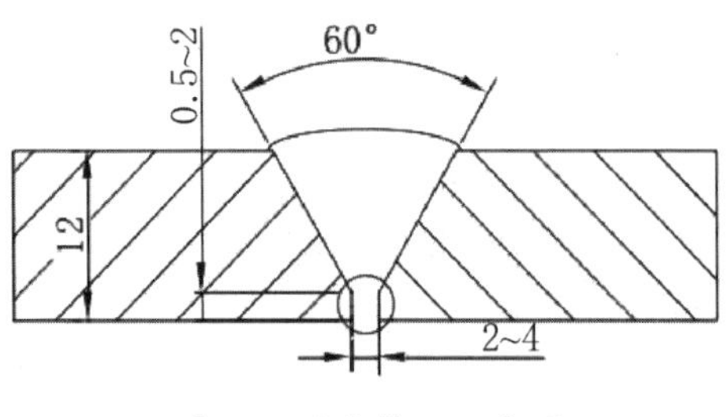

图 14 试件装配示意图

3. 重点与难点

（1）熔池温度和熔孔大小的控制。

（2）焊枪角度与电弧对中位置的控制。

4. 焊接要点

（1）焊道分布：单面焊双面成形，三层 3 道。

（2）打底层焊接。打底层采用向上立焊方法，正月牙形摆动连弧焊接。焊枪与焊件之间的夹角如

图 15 所示，焊丝伸出长度为 10~15mm，引燃电弧待电弧稳定后，沿斜坡向坡口根部焊接，至坡口根部后作正月牙运条，焊枪在摆动过程中，中间稍快，两侧稍停顿，熔孔大小控制在 3~3.5mm。接头时，在停弧处修磨长 10~15 mm 斜坡，并将停弧处的冷缩孔修磨掉，从打磨处前方 10mm 引燃电弧作锯齿形摆动，焊到熔孔根部处再恢复正月牙形摆动。焊至最后熔孔处要降低焊接速度，保证接头处填满。当电弧熄弧后，焊枪不能立刻离开熔池，用延气保护未凝固的熔池，预防收尾熔池因保护不良而产生气孔。打底层背面焊缝不允许存在咬边、未焊透、内凹、超高等缺陷，正面焊缝表面需平整，不允许有沟槽。

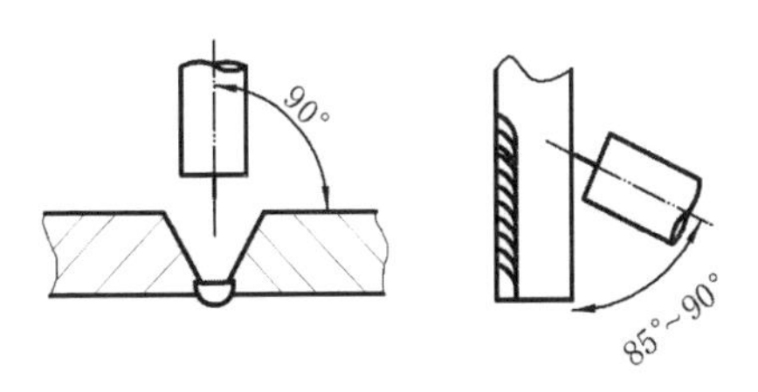

图 15　根部焊接焊枪角度示意图

（3）填充层焊接。焊接前，先将打底层焊缝表面的焊渣及飞溅清理干净，凸起部分修磨平整。

填充层采用锯齿形摆动连弧焊接。焊枪角度与打底焊相同，板厚不同，焊枪摆动方法也不同。在保证能观察到熔池形状的前提下，焊丝伸出长度尽可能短，以获得更加稳定的电弧和保护效果。焊接时，注意焊枪摆动均匀到位，在坡口两侧稍加停顿，以保证焊缝平整，同时有利于坡口两侧边缘充分熔化，避免产生夹渣。填充层尽可能不停弧，如有停弧，需按接头方法处理，保证接头质量。填充层焊完后焊缝表面距试件表面以 1.5~2mm 为宜，且不得熔化坡口边缘棱角，便于盖面层的焊接。焊缝层间清理时，焊缝表面需打磨出金属光泽，清除焊道飞溅，凸起处修磨平整。修磨后用钢直尺测量试板两端棱边宽度，确保焊缝宽度一致。

（4）盖面层焊接。焊接前，先将填充层焊缝表面及周边的焊渣和飞溅清理干净，凸起部分修磨平整，将喷嘴内的飞溅清理干净。

盖面层采用反月牙形摆动连弧焊接。焊枪角度与填充层相同，盖面层焊接不停弧，如有停弧要求，需按接头方法处理，保证接头质量。对打磨区域小、要求精准的地方，可用圆形钢磨头打磨，注意不能伤及已完成的焊缝表面。盖面层焊缝不允许存在深度大于 0.5mm 的咬边、气孔、未熔合、未焊满、超高等缺陷，要求焊缝成形宽窄度一致，且圆滑过渡、平缓美观。

5. 焊后清理

盖面层焊接完成后，用电动钢丝刷清理焊缝表面，并用錾子清理焊缝正反两面的飞溅，焊缝上熔合性飞溅可不清理，不得修磨焊道，以保持焊缝原始状态。

三、管对接实心焊丝富氩气体保护焊的操作要点

1. 技术要求

（1）试件材质：20#。

（2）试件规格：ϕ 114mm × 8mm × 115 mm。

（3）焊接位置：6G45°。

（4）焊接材料：ER50-6、直径 ϕ1.2mm。

（5）气体：Ar+CO_2 混合气，混合比例：CO_2 含量为 18%~20%。

（6）焊接要求：单面焊双面成形。

2. 清理及装配

（1）清理。

将管子坡口正面及坡口面内壁 10~15mm 处，油、锈及水分等污物清除干净，试件清理区如图 16 所示。

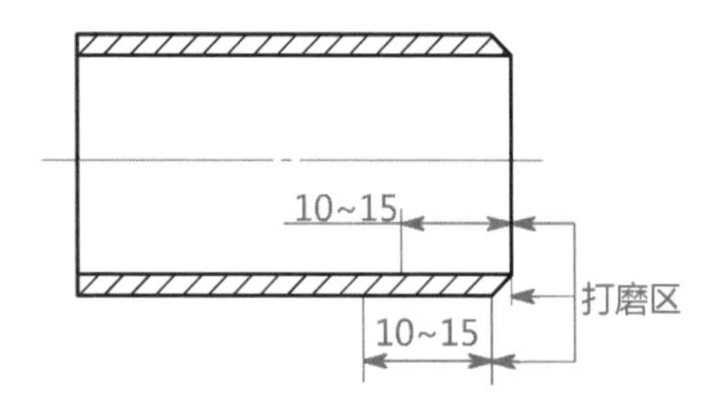

图 16 管件清理范围

（2）装配。将打磨干净的试件垂直叠加在一起，转动上面的管子，调整管件同心度；组对间隙为3.2~4.0mm，从上往下观察内外的重合度，当确认无明显错边后，再进行正式定位焊。定位焊缝采用桥接的方式点焊，不点透根部。当正式焊缝焊接到定位焊位置时，打磨去除定位焊缝。定位焊位置如图17所示。定位焊长度为≤15mm。

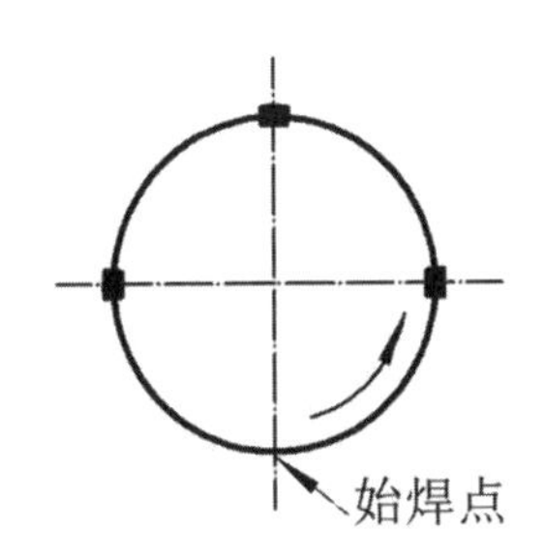

图17　定位焊缝及始焊位置

3. 重点与难点

（1）熔池形状的控制。

（2）断弧焊焊枪角度的变化。

4. 焊接要点

管材对接6G（45°固定焊）是介于水平固定管

和垂直固定管之间的一种焊接位置。焊接时分左右两个半圈自下而上进行，每个半圈都包含斜仰焊、斜立焊和斜平焊三种位置。熔池形状很难控制，影响焊缝的成形，易造成上坡口边缘咬边、余高过高、焊缝宽窄不一致、焊缝未熔合等缺陷。因此，焊接时焊接速度适中，保证熔池形状一致并始终处于水平位置。

（1）焊道分布：三层 3 道。

（2）打底层焊接。采用单点击穿断弧法进行打底焊。焊接时，在仰焊、斜仰焊区段，焊枪与管子切线的夹角应由 80°~85° 变化为 100°~ 105°，如图 18 所示。随着焊接向上进行，焊枪角度逐渐变化，在立焊区段为 90°。当焊至斜平焊、平焊区段时，焊枪倾角由 85°~ 90° 变化为 80°~ 85° 。始焊部位和收弧部位都离管子垂直中心线 10 mm 左右，以便于焊接后半圈时接头。在前半圈超过 6 点位置约 10mm 处起弧，焊枪角度应随焊接位置的不断变化而随时调整；断弧焊时，注意观察熔池温度，当

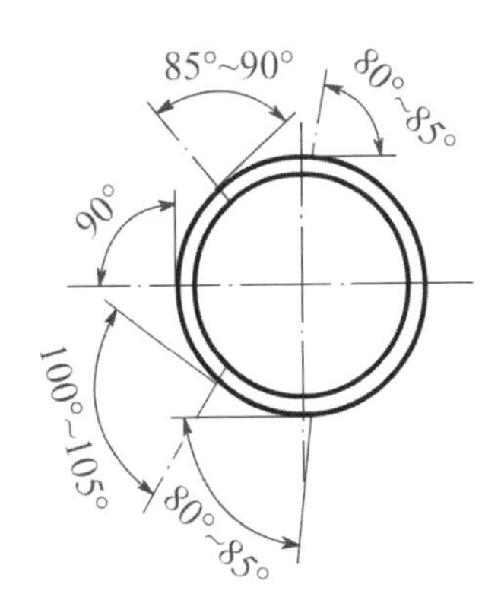

图 18　焊枪角度示意图

熔池降温、颜色变暗时，再引弧，压低电弧向上顶，形成第二个熔池，如此反复均匀地点击断弧，并控制熔池之间的搭接量，向前施焊，保证每个熔孔大小均匀一致，使背面成形均匀，直至将前半圈焊完；每次断弧后不能移开焊枪，利用延气保护熔池至完全凝固为止。后半圈的操作方法与前半圈相似，但是要注意仰位和平位两处的接头，接头处需用角向角磨机修磨成斜坡，便于焊透。

（3）填充层及盖面层焊接。焊接前，先将打底层焊缝上的飞溅清理干净，接头凸起处修磨平整。

填充层和盖面层的手法基本相同，均采用断弧锯齿形摆动焊接，运用横拉法填充和盖面。横拉法就是指在盖面的过程中，以月牙形或锯齿形摆动法沿水平方向施焊的一种方法。施焊时，当焊枪摆动到坡口边缘时稍作停顿，使熔池的上下轮廓线基本处于水平位置。

横拉法盖面焊斜仰焊部位的起头方法是在起弧后，相继再建立三个熔池，从第四个熔池开始横拉运条，起头部位留出待焊的三角区域，如图 19a 所示。前半圈上部斜平焊部位焊缝收弧时，也留出待焊的三角区域。后半圈在斜仰焊部位的接头方法是在引弧后，先从前半圈留下的待焊三角区域尖端向左横拉至坡口下部边缘，使这个熔池与前半圈起头部位的焊缝连接上，保证熔合良好，然后用横拉法运条，如图 19b 所示，至后半圈盖面焊缝收弧。后半圈斜平焊部位收弧方法是在运条到收弧部位的待焊三角区域尖端时，使熔池逐个缩小，直至填满三角区域后再收弧。

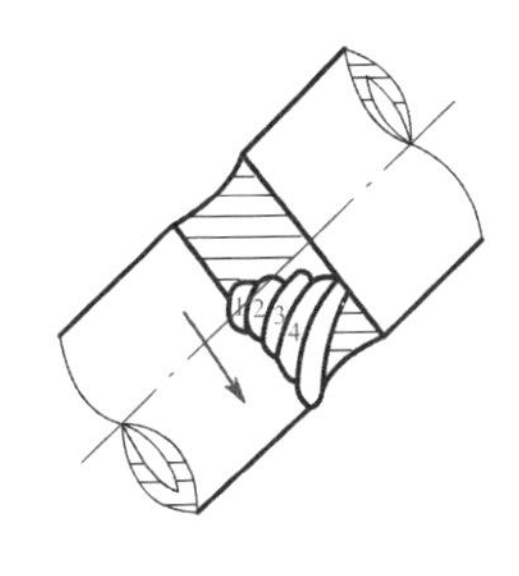

a. 起头方法

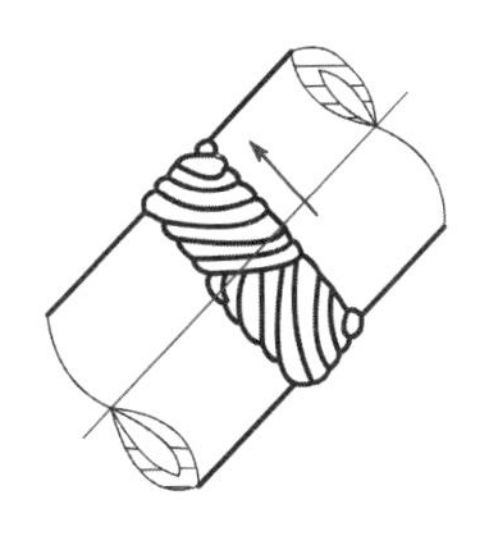

b. 接头方法

图 19　仰焊位接头方法

5. 焊后清理

盖面层焊接完成后，用电动钢丝刷清理焊缝表面，并用錾子清理焊缝正反两面的飞溅，不得修磨焊道，以保持焊缝的原始状态。

后 记

作为一名焊工，我的职业道路可以说是一个不断学习、不断成长、不断创新和不断传承的过程。在这个过程中，我不仅掌握了焊接技能，也了解了自我管理和团队合作的重要性，同时也在不断提高对未来发展的洞察力。

从事焊接工作近20年来，我深刻认识到要想成为一名出色的焊工，除了技能和热爱，还要有团队合作精神和良好的自我管理意识。在焊接工作中，需要和团队成员密切合作，每个人的工作都关系到整个项目的成功。我们需要相互理解、相互支持，才能共同完成任务。同时，也要学会良好的自我管理，包括时间管理、情绪管理等。这些技能不仅在工作中有用，也对日常生活有着重要的影响。

焊接技术不断创新与传承才是“王道”。为此，我将焊接理论知识与现场施工情况相结合，带领团队攻克现场施工难题，先后研发出防变形、防错边、防焊穿等20余种技术，控制了材料成本、减少了人工工时、提高了焊接质量和合格率。在担任焊接教练期间，培养出一批热爱焊接事业、技能优异的核级焊工，壮大了焊接专业化人才队伍。

一路走来，在公司的大力培养和师傅们的精心指导培育下，我不断成长，从一名初出茅庐的小焊工成为今天的劳模工匠，收获的不仅是焊接技术突飞猛进的进步，还有公司的关怀、工友们的支持。

未来，我依然会秉持初心使命，努力钻研焊接技术，用实际行动传承劳模工匠精神，培养培育更多技术精湛、能力突出的核级焊工，为国家核电建设事业贡献更多的力量。

程克辉

2023年8月

图书在版编目（CIP）数据

程克辉工作法：常用焊接操作技能 / 程克辉著. —北京：
中国工人出版社，2024.6
ISBN 978-7-5008-8279-4
Ⅰ. ①程… Ⅱ. ①程… Ⅲ. ①焊接 Ⅳ. ①TG4
中国国家版本馆CIP数据核字（2023）第183019号

程克辉工作法：常用焊接操作技能

出 版 人　董　宽
责任编辑　王学良
责任校对　张　彦
责任印制　栾征宇
出版发行　中国工人出版社
地　　址　北京市东城区鼓楼外大街45号　邮编：100120
网　　址　http://www.wp-china.com
电　　话　（010）62005043（总编室）
　　　　　（010）62005039（印制管理中心）
　　　　　（010）62379038（职工教育编辑室）
发行热线　（010）82029051　62383056
经　　销　各地书店
印　　刷　北京市密东印刷有限公司
开　　本　787毫米×1092毫米　1/32
印　　张　2.5
字　　数　35千字
版　　次　2024年7月第1版　2024年7月第1次印刷
定　　价　28.00元

优秀技术工人百工百法丛书

第一辑　机械冶金建材卷

优秀技术工人百工百法丛书

第二辑　海员建设卷